NEST AWARD
筑巢奖
2016

第七届
筑巢奖获奖
作品年鉴

筑巢奖组委会　编

U0325814

中国水利水电出版社
www.waterpub.com.cn

·北京·

序一 为生活筑巢

"人，诗意地栖居在大地上。"——海德格尔摘自荷尔德林的名句，成为今天室内设计追求的至高梦境。2016 年第七届筑巢奖在室内设计专业评奖发展的历程中具有追梦的特殊意义。这一届的筑巢奖以面向未来的可持续发展理念重新定位，向着空间功能与审美回归于人性本质的理想迈出了关键一步。因此本书所呈现的面貌也就具有别样的风采。

争取理想生存空间的不懈开拓是人类文明进程的实质，为生活筑巢的梦想在人类进化的每个阶段呈现出不同的环境样貌。当人类搭起人字形棚架，第一次开始了居所的建筑，这个人造空间就以生活环境的最小单位，作为"住"的物化形态确立起"住宅"的概念。作为人的生活环境创造，住宅必须是能够满足人的物质与精神需求的空间形态，除了具有功能条件外，还必须具有审美因素，以及生活情境所产生的全部体验。这种环境体验的过程是情境产生的关键，同时也成为衡定室内设计体现生活方式的核心要素。以此为目标的设计不仅是视觉观感的反映，还需要投入人的全部感官，甚至包括主观的联想和所谓的直觉。也就是说，对于具有人的动态时空运行特征的住宅室内环境而言，"环境美学不只关注建筑、场所等空间形态，它还处理整体环境下人们作为参与者所遇到的各种情境"。

衣、食、住、行、用——人作为生命存在的物质基础代词。"住"位居排序的中央，既是机缘巧合，也是定位的必然。"衣、食、行、用"所代表的均是人的生活用品，唯有"住"代表着人的生活环境。住之于人，在于追求生理与心理最大的满足，一种舒缓身心、淡定闲散的松弛情境；一种安定舒适、美观愉悦的环境氛围。住之最高境界在于人超越生命有限存在，实现物质与精神在审美层面达成的统一。

诗意地栖居，曾是华夏大地文人雅士之生活现实。

诗意：生命本真状态的审美意象——采菊东篱下，悠然见南山。①

境意：天地万物山水之境皆于心——窗含西岭千秋雪，门泊东吴万里船。②

住的文化，超越文明的设计伦理，体现"住"之功能与审美的设计内涵，已在两千年前被墨子精准阐释。"圣人之所节俭也，小人之所淫佚，俭节则昌，淫佚则亡。"（《墨子·辞过》）讲分寸、节制、礼数、平衡、和谐的"度"之设计理念贯穿华夏千年文明。度之道——面向生态文明的设计之路。"失度"还是"适度"，设计者的一念之差将导致完全不同的结果。

"住"是人以不同的生活方式、行为模式在特定场所存在的社会反映。

宅意：气息醇厚身心俱醉的神往之宅——绿蚁新醅酒，红泥小火炉。晚来天欲雪，能饮一杯无。③

心意：体现自然生活友情的和谐之宅——绿树村边合，青山郭外斜。开筵面场圃，把酒话桑麻。④

居住、工作、社会活动构成了人类生活行为的全部。由此衍生出三大类功能性质完全不同的室内空间：居住空间、工作空间、公共空间。从居住空间的设计起步，进而涉足工作空间拓展到公共空间，以满足人的生活行为需求，是符合逻辑的室内设计正向发展。只有精准掌握了居住空间设计的真谛，才能理解艺术就是生活，完整人格的生活才是艺术的道理。

为生活筑巢的道路已经开通，光华照耀着室内设计璀璨的未来。

2017 年 5 月 4 日于荷清苑

---

① ［晋］陶渊明《饮酒其五》。
② ［唐］杜甫《绝句四首》。
③ ［唐］白居易《问刘十九》。
④ ［唐］孟浩然《过故人庄》。

序二　筑巢奖年鉴序言

一份住宅室内设计的合同，不是什么大生意，也不值得大书特书。在现实的实践中，住宅的室内设计被很多设计师视为畏途，何也？简单说就是吃力不讨好。设计师为业主服务，规模有限、效益有限，而要求繁杂、琐碎，辛苦一场，设计师自我表现的空间有限。同时，由于是私人项目，并没有太多曝光的机会。但是，从另一个角度看，客户愿意把自己的家、未来的生活空间托付给设计师，这又是怎样的一份信任？

家庭是社会的细胞，住宅则是人类最基础的空间类型。从这个意义上讲，住宅的设计又是一项困难而伟大的事业。设计史上，许多影响重大的历史转折都是从住宅领域开始的。工艺美术运动的发起者威廉·莫里斯与他的朋友们一起设计并建造了自己的新居"红屋"，在这个新居中他们首次提出了健康生活的观念，一反之前奢靡的维多利亚时期的风尚，在简朴的基调上强调效率、光照、通风以及艺术性。这座小建筑连同其室内设计成为了经典，影响了后人并逐渐演变成现代主义运动的狂潮。

日本建筑师安藤忠雄，非科班出身，自学建筑设计，成名作也是朋友的住宅"住吉的长屋"。在狭小的空间里，营造了一个自重的精神空间，开创了有着强烈个人色彩的清水混凝土风格。更有意思的是美国建筑师弗兰克·盖里，未成名时是一家房地产公司的专职建筑师，人到中年却一直无法施展心中的理想，怎么办？他积攒了一小笔钱，暴改自家住宅，把一栋平常的美式独立住宅，改成了解构主义的代表作。为此，丢掉了工作，引来了邻居的抗议，也得到了专业领域的更多关注，赢得奖项和业务是水到渠成的事情。无论如何，盖里凭着勇气和专业理想为自己、也为这个行业开辟了一片新天地。住宅虽小，但作为观念的载体，最容易得到社会和大众的共鸣，因为具有共同的经验基础。

筑巢奖自创办以来已历七届，在组织奖项评审工作的过程中，我们日益意识到整个评奖活动的价值导向的重要性。因此，自第七届筑巢奖开始对奖项的组织工作进行较大的调整，更为强化"筑巢设计，人居之美"的评审宗旨。在这个背景下，筑巢奖将更多的奖项颁发给住宅领域的设计师，人类诗意地栖居首先得从住宅开始，住宅也是与社会民生关联最为密切的领域。住宅领域的品质提升，将实实在在提高全民的生活质量。

总体而言，室内设计在我国并无太长的历史，设计意识在社会上也比较薄弱，整个行业是被社会的现实需求倒逼着往前发展。尤其是房地产行业新生以来，被压抑了几十年的空间需求短时间内骤然释放，一方面使得相关的室内设计得到了迅猛的发展机会和空间，另一方面也对设计产生了不少曲解和误区。但随着时间的推移、市场的成熟，事物的发展终究是要回归理性和本原。在今天这样一个日益开放和高度信息化的社会里，设计师与客户之间的信息不平等将越来越少，整个社会对设计的认识也越来越清晰。

第七届筑巢奖评审规则的一大调整是，只接受已完工的项目参评，报名参赛的材料必须是实景照片而非效果图（效果图可以作为辅助材料上报），同时，金奖候选作品要经过评委现场评审。

这一规则的变化，是强调设计的完整过程一直要延续到施工结束，而非图纸画完。设计的真正含义远非画图可以涵盖，画图只是设计师必备的技能之一、解决问题的手段之一，设计的根本任务是解决问题。因此，真正的设计必然是贯穿空间生产的全过程的。这一规则的调整，曾经引发不少关心奖项工作的朋友的担心，怕影响报送作品的数量。事后看，这个担心是多虑了，非但没有影响参赛作品的数量，由于这条规则的实施，反而吸引了更多优秀作品的参评，这就是价值观的力量。

这本年鉴收录了第七届筑巢奖各个类别的金奖作品，既是我们工作的一份记录，也是一份宝贵的资料，同时也值得同行们观摩、交流。感谢台湾地区《漂亮家居》杂志的帮助和支持，第七届筑巢奖收到了不少来自台湾的设计作品，并有多件作品取得佳绩。未来的筑巢奖将进一步开放，欢迎来自更多国家和地区的设计师们，以作品会友，论道交流，彼此砥砺，共同成长。作为整个评审工作的组织者和参与者，我很欣慰的是这批作品质量上乘，经得起推敲，其中显现了很多设计师对行业睿智的思考和判断。好几位设计师的工作，已不仅仅是在完成一个传统的室内设计项目，而是融入到了住宅的产业链之中，介入新材料、新产品的开发，其前途未可限量。同时，在这些优秀作品中，我们也可以感受到当代中国文化的勃勃生机，越来越多的客户和设计师有了文化主体意识的觉醒，在住宅空间中自信地表达自己的追求，塑造适合自身的生活方式。

最后，要特别感谢中国水利水电出版社的支持，这是筑巢奖年鉴第一次以正式出版物的方式公开发行。希望更多的朋友关注筑巢奖，关注中国的住宅产业，关注中国设计，也期待着第八届筑巢奖能收到更多优秀作品。在这个平台上，让我们一起推动中国设计走向新时代的高地。

方晓风

2017 年 6 月 26 日

赛程回顾

第七届筑巢奖 · 室内设计大赛

NEST AWARD 筑巢奖 2016

2016 年 3 月 2 日
第七届筑巢奖新闻发布会

2016 年 3 月 2 日，第七届筑巢奖"筑巢设计，人居之美"新闻发布会在意大利驻华大使馆成功召开。意大利驻华大使馆、清华大学美术学院、中意两国建筑设计企业的代表，设计师代表，以及中央电视台（CCTV）、北京电视台（BTV）等多家新闻媒体记者共计 200 余人出席了此次活动。

第七届筑巢奖首次与国际联盟组织 IFI 合作，真正走向国际化发展之路；定位更精准，各环节设置更加求真务实、科学公正；全力整合国内外顶级资源，打造设计师成长培养体系；更加注重媒体"立体化"传播，为优秀设计师提供充分展现自我的平台。

筑巢奖
2016

2016 年 3 月—5 月
筑巢巡回论坛

筑巢巡回论坛是讲授和交流设计思维、逻辑、方法、经验的大型学术论坛，邀请了清华大学、意大利米兰理工大学的设计实践经验和教学经验丰富的多位教授，为设计师传美学之道、授设计之业、解价值之惑。2016 年，筑巢巡回论坛举办了88 场专题讲座，遍及全国 22 个城市。

2016 年 9 月初
区域评审

　　第七届筑巢奖邀请了设计界的专家、学者、资深设计师、业界精英担任评委，经过中国内地华北、华南、华东、西部、东北、华中南，中国港澳台和国际赛区八大赛区评选，多角度、全方位地对参赛作品进行评估，并采用盲评的方式评审，所有评委在复评当日才能看到仅含有作品描述和图片的作品信息。第七届依然沿用异地评审制度，各地评委根据当地的生活习惯和文化特点进行区域性和针对性评审。

NEST AWARD 筑巢奖 2016

2016 年 9 月 18 日
终评

2016 年 9 月 18 日，第七届筑巢奖终评工作在北京圆满结束。338 件进入终评的作品角逐普通户型空间、小户型空间、别墅空间、样板房空间、办公空间、餐饮空间、酒店空间、商业空间、展陈空间以及文教空间十大空间类别的提名奖（银奖）和金奖，最终，77 件作品胜出。

2016 年 9 月 30 日，第七届筑巢奖迎来了公众媒体关注奖的评审。秉承"尊重客户、倡导美好生活、引领市场"的理念，来自台湾、上海、成都、北京等地的知名媒体主编齐聚筑巢奖组委会执行办公室，针对筑巢奖住宅类作品，评选出公共空间、住宅空间、功能空间的获奖作品以及最具媒体推广价值的作品。

NEST AWARD 筑巢奖 2016

2016 年 10 月初
实地考察

第七届筑巢奖着重于设计价值的落地，最主要的变化是，所有参赛作品均为已完工项目，且参赛者必须提供项目实景照片。与此同时，为了体现筑巢奖始终坚持的"公平、公开、公正"的原则，实地考察评审环节就此诞生，告别了以往"纸上谈兵"的评审模式。优秀的设计作品一定对生活有着深刻的理解和诠释，照片不能完全体现空间的感觉，更体现不出设计师对细节的处理，因此评委们亲赴多地，对优秀作品和有争议的作品进行现场考察，并听取设计师的讲解，深入了解项目的设计思路，给予作品更科学的评价。

2016 年 10 月 26 日
学术主论坛

　　2016 年 10 月 26 日，第七届筑巢奖学术主论坛暨颁奖盛典在中国国家博物馆圆满举行。第七届筑巢奖学术主论坛摒弃惯用的演讲模式，邀请知名设计专家组成导师团，以"设计案例讲评"的方式向与会者澄清设计者设计水平的评价体系、明确优秀设计师的标准、树立筑巢奖鲜明的设计价值观。

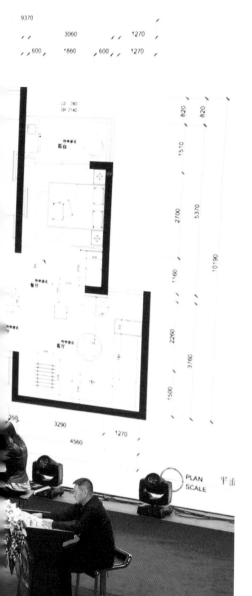

2016年10月26日
颁奖典礼

2016 年 10 月 26 日，第七届筑巢奖颁奖盛典在中国国家博物馆盛大举行，来自全国各地的 1000 多名设计师，和 40 余名行业设计领袖、专家学者，以及多家国内外知名媒体代表悉数出席，共同见证了中国室内设计界至高荣誉的诞生。经过层层角逐，最终有 17 件设计作品获得专业类别金奖。

NEST
AWARD
筑巢奖
2016

2017 年 4 月 4 日
米兰国际家具展

第七届筑巢奖金奖作品第三次登陆米兰国际三年展，于 2017 年 4 月 4 日—9 日在意大利最高规格的设计博物馆——米兰三年展设计博物馆（Triennale Museum）展出。筑巢奖希望通过米兰国际三年展的权威性和广泛的影响力，以及三年展设计博物馆不可替代的设计地位，为中国设计师提供在世界设计的最高殿堂与全球设计人士进行交流的机会，彰显自身设计实力，也为中国青年设计师搭建更为广泛的国际化职业发展平台。

目录

序一　　为生活筑巢

序二　　筑巢奖年鉴序言

赛程回顾

普通户型空间

Standard Apartment

专业类别
金奖

作品名称：减法设计·阳光生活

设 计 师：杨洛斌

公司及职务：LB 原创室内设计机构　创意总监

　　面对厌倦浮华生活，希望返璞归真、回归生活本质的业主，设计师将本案定调为"减法设计·阳光生活"。房屋是复式结构，单层空间的面积并不大，户外阳台占了很大的空间。为了满足业主两代人生活的空间需求，设计师把阳台的部分空间并入室内并加以改造，弥补房间数量不足的缺陷。本案最有特色之处是空调风口的工艺，为了达到黑色亚光的预期效果，设计师特意到模具厂开模，到汽车喷漆工厂喷漆，最终获得了令人满意的效果。

　　用简约的手法进行室内创造，要求设计师具有较高的设计素养与实践经验。设计师要深入生活、反复思考、仔细推敲、精心提炼，方能运用最少的设计语言表达出最深的设计内涵；才能删繁就简，去伪存真，以色彩的高度凝练和造型的极度简洁，在满足功能需要的前提下，将空间、人及物进行合理精致的组合，用最洗练的笔触，描绘出最丰富动人的空间效果。

NEST AWARD
筑巢奖
Professional
Category
Golden Award

专业类别
金奖

無有
wooyo

作品名称：大盈若冲·邱寓

设 计 师：刘冠宏（台湾地区）

公司及职务：无有有限公司　负责人

　　极简向来不简单，它是由复杂细节构成的纯粹表情。"大盈若冲"像是一只简单素雅的容器，设计师以清爽明快为基础，创造灵活多变的空间，根据使用需求的变化展现不同的格局形态。

　　由于业主对空间未来的规划并不明确，设计师便采取了具有流动性的规划，采用三道活动立面构成了整个空间格局变化的关键因素，或实现主卧与公共空间的分隔，或包围形成独立的客房，空间的流动性在格局的变换中充分展现。

　　当有客房需求时，主卧与次卧之间的柜体可90°旋转，作为客房与主卧之间的墙体，床被隐藏于柜体之中。

　　书柜与活动墙迭靠组成的双层立面，可依需求做不同幅度的伸展，决定房、厅之间的连接尺度。白色的活动墙可作为主卧与客厅的隔断，同时也作为投影屏幕使用。

　　为了保持空间的完整性，每个活动立面之间必需的缝隙，设计师都精心设计了遮蔽条。同时采用了无缝地坪，视线的延伸，加之移动柜体全部打开后使整个空间更加通透，也使采光与通风达到了最佳效果。

　　一进门，黑色金属冲孔多功能柜体占据了整个家的中心，形成了活动空间的链接，不同的冲孔方式与分隔，使柜体充满肌理的变化。

　　卫生间同样采用深浅两种木质材料与白色六角瓷砖结合，色彩上与整个空间保持统一，简洁雅致。

作品名称：生活原素

设计单位：佛山尺道设计顾问有限公司

设计师充分利用原有错层空间的特色，改善了原建筑地下一层楼层低且通风采光较差的问题，为客户提供了更为舒适的入住体验；运用简单粗糙的材料和简约的设计手法，最大限度地保留了地下一层的开放空间；将室外景观引入室内，使各空间既有景观环绕又保证私密性。空间因季节的不同而产生变化，给人以不同的体验。设计师摒弃繁琐，以白色、原木色为主调，配合玻璃和开放布局，打破空间界限，搭配舒适的软装，整个空间简约舒适。

细看空间与物，能感受到在简洁中追求极致体验的设计，也能感受到朴素的美感。生活不仅要有多种体验，还要具有品质，每个人都可以拥有美好的生活。

NEST AWARD Professional Category Nomination
筑巢奖

专业类别
提名奖

作品名称：若彩

设 计 师：朱士旺

公司及职务：阿失室内设计工作室　设计总监

本案房屋原始结构方正，所有空间一览无余，厨房卫生间面积较小，空间缺少层次，不能满足新婚夫妇业主对空间的需求。设计师将重点放在厨房和卫生间的布局改造上，通过空间改造，增加了卫生间干区和冰箱摆放区，同时丰富了客厅空间的层次感。地面以灰色调的强化地板为主，符合设计要求，并控制了整体造价。墙体以冷色调的乳胶漆为主，卧室床头局部搭配了硬包作为背景，给空间增加了精致感。

Professional Category Nomination

专业类别
提名奖

作品名称：樾·界

设 计 师：胡飞

公司及职务：DoLong 设计　主任设计师

　　业主是一对 80 后年轻夫妇，崇尚简约主义。女业主曾从事设计创意工作，对设计的创新性和时尚性有很高的要求。

　　本案住宅的首层承担着家庭公共区的所有功能，原始户型较为平淡整齐，餐厅较为狭小，二层是私密的睡卧空间，房间较多，但面积较小。设计师将西式吧台与餐桌功能相结合，扩大了厨房的使用功能空间且未缩小客餐厅空间；重新设计了楼梯，留出入户空间，并安排了方便业主换鞋的储藏空间；楼梯的首层作为独立的一个大平面，暗藏着楼梯下的景观，并连接着电视柜；从进门玄关经楼梯到达客厅的这条动线，由地台这一设计元素贯穿起来，一气呵成。

　　客餐厅地面选用亚光石纹长条砖，白色大理石从玄关地面、楼梯一直贯穿到电视柜台面。餐厅背景墙采用特殊纹理的艺术砖，凸显质感。室内局部采用黑色不锈钢和镜面穿插点缀。木质多拼地板用于电视背景墙和阳台地面，构成了黑白灰和自然木色的温润画面。

NEST AWARD 筑巢奖 Professional Category Nomination

专业类别
提名奖

作品名称：Passionate City

设 计 师：陆浩华

公司及职务：一号家居网盛堂大宅设计装饰公司

　　　　　设计总监

　　本案的业主是上海的一对青年夫妻，都市纷繁，他们只愿寻得一份舒适闲逸。家庭生活不只是柴米油盐，慵懒地享受生活也未尝不可。原始户型为两居室，拥挤局促，通过改造，光影悄然入屋。原始结构裸露，挂画与家具呼应，减少色彩繁杂，低低的彩度，追求文艺与本真的自我——轻松、简单、随意，是本案的设计精髓。通过房型改造，原来拥挤的居室显得格外通透。每一个家都是生活的博物馆，柴米油盐酱醋茶，西装领带黑皮鞋，都需要安身之地。

专业类别
提名奖

作品名称：君临新城 1-1001

设 计 师：沈健

公司及职务：私享家装饰　设计总监

　　项目位于张家港一个高档小区，通风采光良好，户型结构合理，并不需要特别的改动。业主酷爱黑白灰空间，希望拥有不一样的家。本案为现代简约风格，时尚而给人以居家的感觉。设计师注重整体色调统一，一切从简，注重软装搭配，满足业主对空间功能的需求，设计力求时尚、简洁、大方并经得起时间考验。

作品名称：这位先生的家

设 计 师：江波

公司及职务：HOUPAL 厚派建构

室内设计有限公司 设计总监

本案打破了原来的建筑平面布局，在保证结构安全的原则下，满足业主保障自己生活习惯和生活品质的要求，对平面布局加以调整，使空间得到最大化的利用。设计表达了设计师对空间性的理解以及对小型住宅空间"家"的氛围的营造技巧。

现代简约的灰色基调之中，亲切感十足的木饰面与灰色肌理的墙面相碰撞，既抹去了传统水泥灰墙给人的冰冷感觉，又带给空间本该如此的活力与轻松。在入户拐角处，设计师设置了一面用白色烤漆玻璃和乐高像素拼图装饰的墙，预留了供小孩玩耍的童趣空间。不同灰度的灰色墙漆、灰色墙砖以及黑色收边条的运用，使灰色空间富有色彩明度上的层次感。

Professional
Category
Nomination

专业类别
提名奖

作品名称：原本·生活

设 计 师：邱赟

公司及职务：宁波市羽天室内设计有限公司

　　　　　　设计总监

　　业主夫妇对空间的要求比较高，不喜欢喧嚣的环境，希望拥有一个清新自然、动静区分的生活空间。简约，是一种生活的艺术；自然，更是一种生命的哲学。本案追求淡雅温润，为业主营造回归自然的意境。设计以留白为主，辅以原木家具，没有太多的色调拼接，用清淡色彩表现一种极简的居家创意，连空间装饰也贴近自然。闲适写意、悠然自得的生活趣味在本案的每一个角落自然显露。

　　家具以原木材质为主，营造空间的宁静，打造自然的视觉空间。墙面大面积留白，使整个空间不显厚重和呆板。地面的灰色瓷砖起到视觉平衡的作用。

NEST AWARD
饰巢奖
Professional
Category
Nomination

专业类别
提名奖

作品名称：洲际公寓

设 计 师：谢志云

公司及职务：鸿扬家装　高级设计师

　　本案原始结构和空间格局已经固定，设计师难以进行结构变动，尽量在整体性上达到功能的协调，并力求在时尚与传统之间取得平衡，在空间的纵深与视觉观感上化繁为简。在业主喜好与设计观念之间，设计师注意区分主从关系，既注重空间的整体性，也强调个性，整个空间采用给人以新鲜感的浓重的色彩加以重构，进而整体地表现心理与精神诉求，从而达到设计所追求的给人美好精神体验的目标。

专业类别
提名奖

作品名称：有室·1851

设 计 师：易云飞

公司及职务：北京例外装饰工程有限公司

　　　　　　设计总监

业主是 80 后自由画家，阁楼部分规划为工作休闲区和衣帽间，楼下基本就是生活常规的功能分区，装修风格为工业风。空间其实是人性的一种形象化，是生活方式的一种空间表述。一个空间的创造是一种对全局的控制和把握，在使用上必须符合功能要求，以达到舒适的感觉。好的故事不会平铺直叙，精彩的空间也一样，它总是在不经意的刻意中现出种种内敛的风情，而优雅本身就是一种时尚的生活态度。

NEST AWARD
饮巢奖 Professional
Category
Nomination

专业类别
提名奖

PERCEPT'
PERCEPT SPACE INTERIOR DESIGN LTD.

作品名称：成都中德红谷英伦世邦

设计单位：柏舍设计（柏舍励创专属机构）

日新月异的信息化时代，科技对人类社会进步的推动作用更显著。高科技总给人高端、虚幻的感觉，但无论技术如何变幻莫测，设计以人为本、科技为生活服务，这是不变的。超越生活，超越自我，是多少年轻人追逐的激情和梦想。设计师将这梦幻场景搬到生活当中，运用多种艺术手法，充分利用空间、平面布局、光线、色彩、陈设与装饰等多种要素的设计与布置，营造富有科技感的现代空间。在设计手法上并没有过多的讲究，设计师简单地处理了镜面与玻璃材质的关系以及块体之间的关系，侧重点在于带给住户直观的现代空间体验。

NEST AWARD 饮巢奖 **Professional Category Nomination**

专业类别
提名奖

作品名称：RU-HOME

设 计 师：李俊

公司及职务：激塔设计顾问有限公司　设计总监

　　设计师运用简练、到位、比例恰当的线条，简单明快的材质，局部辅以高品质的进口材质、配置高品质的卫浴及家具，采用精细的收口工艺，营造了内敛雅致的空间。布纹墙面白漆和水泥质感墙漆体现理性而放松的状态，纹路简单、色泽沉稳的木材体现着内敛的亲和力。

NEST AWARD Professional
饿巢奖 Category
Nomination

专业类别
提名奖

作品名称：繁华中的简约风

设 计 师：任雪梅

公司及职务：博洛尼旗舰装饰装修工程（北京）

　　　　　　有限公司　特级主任设计师

　　本案的设计风格定位为现代简约，在简约的原则下，没有过多地雕琢，而是营造静谧的空间氛围。在设计手法上力求做到极简：简化布局，简化色彩，简化线条，简化元素。从视觉上讲，这种设计是平淡的，但能让居住者的心灵安逸；从内容上看，它又是焦点鲜明的，让人一接触就被空灵的空间气质吸引，令人心驰神往。

　　空间里的色彩简单、纯粹，地板和家具多采用原木色这种柔和的颜色。墙上的装饰画富有层次，突出整体空间的清新与淡雅。

公众媒体关注
金奖

作品名称：灰渡

设 计 师：吴旭东

公司及职务：锦华装饰湖州分公司　设计师

港式风格——低调但不平庸，奢华但不"土豪"。在时下用钱来堆砌奢华的装修做法中，设计师另辟蹊径，营造了豪而不俗、具有文化气息的家居空间。高级灰——时下最流行的用色、时尚前卫的代名词，设计师用其营造现代时尚的空间氛围，获得高雅的艺术装饰效果。

公众媒体关注
金奖

作品名称：当代 MOMA

设 计 师：朱丽君

公司及职务：一道伍禾（北京）装饰有限公司

主任设计师

本案以"互补"为设计主题，每个空间都诠释着男女主人性格、观念等的互补以及他们的生活的态度。设计师运用色彩、家具、画作、饰品的搭配，通过对抗 – 互补（opposition – complementation）、自然 – 都市、感性 – 理性、曲线 – 直线等手法来诠释设计主题。

公众媒体关注
金奖

作品名称：光井

设 计 师：黄铃芳（台湾地区）

公司及职务：馥阁设计整合有限公司　总监

这是一个三代同堂的家，业主希望拥有家人能一同下厨的空间，并改善一楼仅有前后采光、房间不够明亮的问题。设计师调整了一楼电视墙和玄关入口的位置，藉由多功能室引进自然采光，并串联后方庭院，餐厨空间的品质得到了极大的改善，在厨房准备餐食的母亲，亦可同时观察到孩子的动态。地下室的天井区结合和室空间，延伸使用面积与采光通风。地下室走道变身书廊，成为空间主体。主卧上方夹层则可轻松与和室及天井区互动，空间之间没有阻碍。

NEST AWARD Media's Choice
饮巢奖 Award
Golden Award

公众媒体关注
金奖

無 有
wooyo

作品名称：无用之家

设 计 师：刘冠宏（台湾地区）

公司及职务：无有有限公司　负责人

　　庄子在《人间世》中提到："人皆知有用之用，而莫知无用之用也。"设计师在这个家中留下了大片的空白作为无用之地，看似浪费了寸土寸金的室内空间，实则释放了现代都市人被各种事物填满而无空隙的生活压力，提供真正能放松纾压的居住空间；无用的留白填入了家人间的情感交流，赋予了一个家最珍贵的活力。留白是一种生活方式，留白留的是等待填入的活动与情感。

公众媒体关注
金奖

开放的空间以暖色调为基调，复古图案的米色墙纸、棕木饰面隔板、拱形门廊以及与之呼应的深色复古浮雕地板装点的电视墙，使家不再是苍白冰冷的墙面和死气沉沉的地面构成的组合体。给家一个色调，给家一种精彩，在复古风中寻找那些遗失的美好。

作品名称：Slow Lives

设 计 师：游志兴

公司及职务：苏州大墅尚品装饰工程有限公司
　　　　　 设计总监

小户型空间
Small-sized Apartment

专业类别
金奖

作品名称：18 平郭氏之家家庭艺术博物馆

设 计 师：刘道华

公司及职务：北京华开建筑装饰工程有限公司

　　　　　设计院院长

　　本案是位于北京什刹海的郭氏毛猴一家的旧房改造项目，只有 18 平方米的狭小空间，需要兼具住宅、工作室与展厅等功能，设计师精心布局，使其华丽变身为两室三厅两卫的"家庭艺术博物馆"。

　　业主是毛猴工艺传承人，房屋内堆满了毛猴工艺品、制作毛猴的原料以及各种生活物品，拥挤不堪，甚至连做饭的灶台都放置在马桶的上方。由于不能对整个建筑外立面进行大幅度修改，于是设计师将设计的重点放在了室内空间的规划上。

　　一层被分为毛猴展示区和生活区域两个部分，由一道推拉屏风隔开，使展示区平日供游人参观的同时又不会影响业主家人的生活。采取了黑、白、灰搭配的简单色调，简单、精致，以衬托毛猴的灵动。到了晚上，将屏风 90°转弯折叠便形成了一个私密空间，一张床隐藏于背景墙中，拉下便可作为业主孩子的卧室。

　　二层被设置为业主夫妇的卧室及起居空间，设计师特意增设了一间卫生间，使这个空间的功能更加完善。有别于一层素净淡雅的色调，二层则更多地采用原木色，房顶裸露出老房子的木质结构，突出温暖的居家氛围。

　　设计师考虑到业主的身体情况，特意增设了氧气系统，无关乎设计本身，更多的是人性的关怀。

Professional
Category
Golden Award

筑巢奖

专业类别
金奖

作品名称：超乎想象的 3 米 6 全能机关屋

设 计 师：黄铃芳（台湾地区）

公司及职务：馥阁设计整合有限公司　总监

业主从一所大房子搬到这个仅有 46 平方米、空间略显局促的房屋中，希望设计师能以他生活中最主要的活动需求——打禅、品茗、阅读、写书法为出发点来拓展设计，要有足够的收纳空间，便利好拿取，期待设计师对于空间的一切设计。

现场是一个挑高 3.6 米的空间，原有一个大浴室及降板浴缸，客厅虽方正，但使用空间仍显不足。横梁穿越房屋中央，增加了重新配置上楼动线的难度。设计师将风格主调设定为新中国风混搭现代风格，整体营造符合业主生活需求的空间，并从安全、便利、舒适与多功能用途四大方向着手设计。

采用有着自然纹路变化的黄色系实木地板，搭配浅灰色系的壁纸与白色地砖，中和传统中式风格的用色，使其更具现代感。虽为开放性设计，但地面保持平整，仅使用不同的材质作为空间区隔。

除了动线与空间的调整改造，隐藏式工作台、遥控升降的收纳柜、可隐藏于电器柜中的遥控楼梯、客厅角落的泡脚池，也让居住者在小空间里的生活依然便利、安全，且拥有高端的生活品位与质感。

业主觉得房屋空间不大，所以不想要沙发。设计师则考虑到客厅的实际使用需求，打造了多功能坐榻，有会客需求时是沙发，有客房需求时是床，同时兼顾储物功能，垫子亦可在主人享受泡脚时当作坐垫使用。

家不但要舒适，也要能让人感受到放松与休闲。设计师为业主打造了一个"不像住家"的住家。

Professional
Category
Nomination

专业类别
提名奖

作品名称：沉淀

设 计 师：杜健锋

公司及职务：问鼎设计　合伙人

　　从预售开始，设计师就与业主接触并讨论设计方案，同时进行客变设计。设计师把原三居室的空间更改为两居室外加一间开放式书房的格局。造型空间在利用及设计上以空间的通透性和开阔性为主要出发点，在整体设计上采用开放式手法，使空间具有视觉放大的效果。颜色以黑白灰色系为主。电视墙面选用凿面花岗岩以呈现空间亮点，展现沉稳内敛的氛围，并运用金属材质突出现代简约的风格。吊顶使用了黑镜以弥补空间高度的不足，地面采用木质地板，使空间更有温度，不至于显得过于冷冽。

专业类别
提名奖

作品名称： 我的青春我做主

设 计 师： 常志卓

公司及职务： 北京迈狄一空间设计有限公司

主案设计、合伙人

本案充分考虑年轻业主的生活节奏及其对功能的精致要求，融合一些甜美的色彩和夸张的波普浪漫图案，使整个空间充满节奏又不显拥挤，处处透露着青春、时尚的气息。橡木、灰镜、灰色油漆、黑钛不锈钢、米白色瓷砖——黑白材料的对比使整个空间充满节奏与层次，再搭配跳色软装配饰，青春的活力气息扑面而来。材料的质地精致、鲜亮，更好地体现业主对时尚的理解。

专业类别
提名奖

Professional
Category
Nomination

作品名称：米墅

设计师：JLa

公司及职务：名艺佳（JLA）装饰工程设计有限公司

主案设计师

本案例的设计特点是：设置独立功能分区，满足现代空间所需要的基本居住品质感；在套内面积仅35平方米的局限中，挖掘层高所带来的"体积"；具备与狭小空间抗争、寸土必争的神收纳，用有限的空间创造出多种复合使用的可能性，实现"一户多变"，提高购买或租赁欲望，提升产品溢价；独立的功能分区利用空间的错落，打破传统公寓的空间限制，模糊传统的复式公寓对"1+1=2"（层）的分隔与楼梯的界限，极大地挖掘收纳空间，并将空间分区做得更合理、更功能化。

专业类别
金奖

作品名称：韵憩

设计单位：美迪赵益平设计事务所

　　本案意在表达一种摒弃现代风格完全简约的呆板与单调，在空间设计、材料色彩运用、家具装饰品陈设上与中国传统家居文化融合，并表现中国传统文化在当今时代中的意义的设计理念。

　　明晰的线条、富有意境的水墨画，使空间富有诗意和内涵。地下一层茶室的背景墙采用自然原石铺就，有着自然的凹凸表面与石头本身的色泽，在空间光影的映照下，折射出美丽的光芒。品茶之人如同置身山林之中，悠然自得，与自然和谐相处。

　　设计师希望通过材质和色彩的搭配来满足视觉效果，不推崇豪华奢侈、金碧辉煌，提倡淡雅节制、轻松舒适。自然的浅木色系和细腻木纹与素灰色的墙面结合，给人以舒适温润之感。客厅与餐厅之间运用了木质格栅，既起到空间分隔作用，又是一种通透的装饰。电视背景墙铺贴山水纹大理石，两侧做木质格栅，平和而雅致，透露着丝丝儒雅禅意。客厅的顶面不仅用木方搭架，且有写意水墨画，文化气息扑面而来。整体空间呈现一种自然原木和风之态。

作品名称：仁和春天国际花园空中别墅

设计单位：KINETICS

越简越奢华。极简主义是一种风格，是一种简化布局、简化色彩、简化线条的减法美学。本案不使用吸引人注意力的色调或者夸张的装饰，仅仅是灰和白的不同饱和度与透明度的呈现，以及温和的原木，表达空间极简主义美学。空间具有素简、不迎合、自然、幽玄、脱俗、静寂的气质。

NEST AWARD Professional Category Golden Award
筑巢奖

专业类别
金奖

作品名称：生活轨迹

设 计 师：黄铃芳（台湾地区）

公司及职务：馥阁设计整合有限公司　总监

　　本案为三层别墅，动线规划从一楼的车库进入玄关、客厅，下楼可往地下室的厨房区域，上楼可前往卧室空间。由于住宅顺着山坡地地形而建，因此地下室也有良好的自然采光，整栋建筑看上去被远近群山所环抱，而建筑的坡屋顶则使上层房间具有挑高的优势。

　　设计师打破以电视主墙为客厅中心的设计手法，将沙发座位直接面向山景，以户外景色为主要视觉引导，并在客厅旁配置书房和琴房，通过双动线设计增加使用变化。地下室的厨房则用中岛搭配长型餐桌延伸使用，加大空间感。二楼是主卧及两个孩子的房间，夹层以阁楼树屋的概念来设计，并加装指引灯光作为造型与安全防护。

　　在材质方面，主要使用原木搭配少量铁件，营造与户外环境相呼应的自然系风格；选用雾面地砖有效减少光反射；使用木质楼梯踏板提升自然触感；在主卧墙面与天花板上则喷涂天然的硅藻土涂料，调节湿度，净化空气。整体氛围则利用家具及软装配色，让空间色彩明亮而丰富。

Professional
Category
Nomination

专业类别
提名奖

作品名称：周末旅行家

设 计 师：徐鹏

公司及职务：武汉壹零空间设计有限公司

　　　　　　设计总监

我的周末旅行目的地——家！我眼里的家要简单干净；我心里的家要自由奔放；我理想的家要不拘一格，随性自然。

项目为连体叠拼别墅，建筑带有香港地产的风格，内部设计也独具港式思维，但习惯居住在大空间居室的业主很难接受小空间布局、功能分区多的港式居住文化。室内采光、通风都存在一些问题，卫生间数量不能满足使用需求，三层楼只有三个卫生间，且都小而阴暗。主体改造的重点是各层管道改造、一层下沉式视听间的防潮工程以及中央天井的采光利用，整体改造工程最大限度地利用了自然光。

NEST AWARD Professional Category Nomination
筑巢奖

专业类别
提名奖

作品名称：色彩生活

设计师：赵旭

公司及职务：江阴全象装饰设计有限公司

　　　　　　创意总监

本案以都市人的生活方式为基点，简洁而实用，并具有一定的文化品位。本案没有特定的设计风格和设计元素，色彩是亮点。无风格设计不仅注重居室的实用性，而且还体现现代社会生活的精致与个性，符合现代人的生活品位。设计师对空间塑造有全面的考虑，总体布局满足业主的生活需求，装修材料以造型板、壁纸为主，并用色彩和灯光来点缀空间，创造了一个温馨、健康的家庭环境，实现"人居之美"。

专业类别
提名奖

作品名称：灰

设 计 师：高涵

公司及职务：PICD 铂奥概念空间规划设计事务所
首席设计师

业主是商业精英，也是一名越野车及模型发烧友，一层设计体现他事业上的成功和有品位的一面，极致简约，用干练的黑白灰体现"少即是多"；地下一层体现他难能可贵的童心。一群朋友几罐啤酒，一个自由敞开的空间，符合方案极简风格，用材注重质感，用少量复古的元素、模型等装饰体现方案的精髓，让空间变得有意思。地下一层的墙面保留混凝土墙面，用抛光机打磨后再用细砂纸精细打磨，然后喷水5遍擦拭5遍。水、电管道外套镀锌管后裸露在墙体表面。下沉式空间的做法是：用轻体砖做基础，上铺地暖，再水泥找平，然后铺上天然木材。木材用木蜡油处理，免掉上油漆的工序。

NEST AWARD 筑巢奖 **Professional Category Nomination**

专业类别 提名奖

本案设计理念是：山水如画，辽阔无边。室外风景如画，室内生机盎然。风景从透明的窗户中涌入，并保留一种美的距离。在这一方天地中，享受毫无保留的山水之美，与山与水与飞鸟同在，酌一口大自然的美妙琼浆，感受来自家的温馨与舒适。

作品名称：水木清华

设 计 师：陈晓晖

公司及职务：观唐上院装饰　创意总监

专业类别
提名奖

作品名称：新疆喀什西班牙风格样板间

设 计 师：郑勇刚

公司及职务：乌鲁木齐铭庭世家装饰设计有限公司

　　　　　　首席设计师

初到喀什，就被喀什特有的民族风情所吸引，看到本案现场后，便决定将喀什的民族风情与西班牙风格微妙地融合在一起。室内多用木材装饰，并用维吾尔族独有的艾得来丝绸做窗帘装饰，这种独特的风格让人眼前一亮且不排斥。部分空间做到简约而不简单，对人性化设计也有体现，色调浓重不失温馨。

专业类别
提名奖

作品名称：过往

设 计 师：黄振江

公司及职务：天津致美百汇装饰　首席设计师

应个性满满的女主人和闲适怡情的男主人的要求，地上一层秉承的是慵懒舒适的美式风情与简约实用主义相结合的设计理念，而地下两层则是一个自由随性的工业 loft 空间，主要承载着娱乐休闲的功能，是男女主人公张扬个性、交朋会友、畅饮阔论、谈天说地、观影"K 歌"的舞台。

**专业类别
提名奖**

作品名称：墨·韵

设 计 师：赵灵军

公司及职务：几木空间工作组　设计总监

　　水与墨是中国传统绘画的材料，水墨画仅用水与墨、黑与白便绘出万千气象。水墨画具有单纯性、象征性和自然性，墨有焦墨、浓墨、重墨、淡墨、清墨五种层次变化。本案结合客户喜欢的中国水墨画，运用石材、深色木头、灰色及浅色墙板为客户打造了一个既富有墨韵的寂静与禅意，又拥有层次变化、静中有动的空间。

专业类别
提名奖

作品名称：印墨江南

设 计 师：陈熠

公司及职务：南京陈熠室内定制设计事务所

　　　　　　首席设计师

　　水墨之间营造的是伊人眼带笑意的欣喜，是父母洗尽铅华的古朴高雅，是女儿清冷透亮的双眸，是曾经岁月永久定格的背影。在设计的初期，业主对本案并没有具体的限制，三代同堂、生活美满、儿女双全、家人相伴——这是业主内心最大的期盼。

　　设计师选用木饰面、皮革、墙纸、大理石为主要材料。木饰面能够带给整个空间一种自然的属性。皮制沙发的质感符合这个空间的气质，让人有种安稳的感觉。顶面特别采用了钨钢走边工艺，给新中式的风格画上了句点。客厅和餐厅之间的展示柜，设置了小鸟与干枝"对话"的场景，意在营造出了一种亲近自然的氛围。

公众媒体关注
金奖

作品名称：冬日物语

设 计 师：吕爱华

公司及职务：北京尚界装饰有限公司　设计总监

"理想中的家一定要让人放松、适合主人的气质，也一定要舒适，不能高冷到碰不得、住不下。"女主人 Momo 是一位对于家肯亲力亲为的人，而当她遇到情投意合的设计师后才发现，让家人住得轻松自在、笑口常开，原来是如此简单，"现在每天回家，都像在欧洲度假"。

公众媒体关注
金奖

从业主要求出发，把客厅和餐厅区域打造成精致优雅的现代空间。主卧从女主人的气质出发，优雅中又带有一点点霸气。

作品名称：浮生若梦

设 计 师：肖锋

公司及职务：南京肖锋室内设计有限公司

　　　　　设计总监

公众媒体关注
金奖

作品名称：唯风古韵

设 计 师：赵庭辉

公司及职务：北京东易日盛原创国际别墅设计中心

高级专家设计师

本案定位为美式现代风格，用现代风格的艺术表现手法，融入东方文化情绪里的简约欧式与西方文化的简约美式，呈现别具匠心的新现代风格。整个空间比较简洁，在细节上精心雕琢，通过室内家具、配饰以及工艺品的造型搭配，达到视觉层次效果，并且从居室的灯光效果以及控制系统智能化差异，显示业主的个性以及品位。

NEST AWARD 筑巢奖 Media's Choice Award Golden Award

公众媒体关注
金奖

作品名称：龙湖美墅

设 计 师：孙建兵

公司及职务：南红设计（上海）公司　董事、设计师

　　龙湖美墅为法式别墅，内部装修风格定位为法式结合中式元素的混搭。空间如同一个完整的生命体，阐述着业主与设计师对生活方式的理解。一个空间的创造完全是一种对业主需求的全局把控，在使用上必须符合功能的要求，以达到舒适的目的。好的空间不会平铺直叙，而是一个精彩的故事，形态、视觉和情感应该在空间中得到表达。正如本案，不经意间，它就露出种种法式的风情。

Professional
Category
Golden Award

专业类别
金奖

作品名称：断舍离

设 计 师：董波

公司及职务：成都以勒室内设计有限公司

　　　　　　执行总监

　　设计风格源于业主喜爱的东方文化，但是又不拘泥于东方文化，而是现代的东方。断舍离是指摈弃那些无用的物品，对自己的生活进行简化，舍弃对物品的依赖和迷恋。这应该是最纯粹的生活状态。设计师把这种现代生活理念，运用到居家设计中，结合客户对自身生活需求的认识和理解，丢掉不必要的装置，舍弃繁复的设计思维，回归本真，为业主打造了一个简洁、舒服、清净、敞亮的空间，让人一进门就能感觉到家的舒适和简洁。

专业类别
金奖

作品名称：大城云山 D1 栋 04 单元

设 计 师：林丽芳

公司及职务：广州市美禾装饰工程有限公司

　　　　　设计师

　　本案的设计主要针对初次置业的单身青年，设定业主为一位摄影师，功能除了满足基本的生活需求外，另需要增设一个工作室。考虑业主生活习惯及其对自然、简洁、舒适生活的向往，设计以简洁开放、活力自然来诠释空间。小阳台被改造成一个开放式工作室。为缓解公共空间采光、通风不足的问题，空间规划更多地考虑开放的形式。空间以白色乳胶漆为基调，彩色工艺玻璃来活跃空间氛围。卧室与餐厅以一段彩色玻璃隔开，不仅满足公共空间的"借光"需求，而且使公共空间得到最大化的延伸。一抹跳跃的橙色丰富了整个空间的层次。

Fading is ture
While
Flowering is past

专业类别
提名奖

作品名称：侘寂素然

设 计 师：熊川纬

公司及职务：武汉逅屋一舍装饰工程设计有限公司

　　　　　　设计总监

　　本案须满足三口之家的日常生活空间需求。设计师实地勘察发现原户型结构布局非常不理想，餐厅过大且光线不够；卧室空间尺寸不足，无法满足家居储物需求；露台空间大但实用性不强。在狭小的空间里充分满足业主对各个空间的功能需求，并展现设计创作灵感和风格，这对设计师而言是极大的挑战。在户型结构改造之后，儿童房的墙体被延伸至进户墙体，厨房墙体被拆除，空间的布局及面积被重新划分。原厨房和餐厅的单一区域，被规划成开放式厨房、走道、衣帽间、吧台、卫生间干区等实用空间。餐厅被搬到采光充足的露台，兼有学习和休闲功能。"侘寂"不仅仅是一种哲学概念，更是一种简单自然的生活态度。本案希望人们留心观察生活中的简单舒适，从不完美中发现美好，从纷繁复杂中找到简单的快乐。这不仅是设计师和业主的自我表达，更是一种美好的生活态度。

NEST AWARD Professional Category Nomination
筑巢奖

专业类别 提名奖

本案须满足业主提出的改造出三个卧室的要求，因此把客厅旁的房间封闭作为老人房，房门处理为隐形门，用材与电视柜体呼应并利用客厅和餐厅之间的转角，将电视、餐厅卡座、储物柜体等合而为一，使有效空间最大化。

作品名称：净·境

设 计 师：王玲

公司及职务：武汉逅屋一舍装饰工程设计有限公司

主案设计师

专业类别
提名奖

作品名称：重庆保利中心 A1 创意办公样板间
设 计 师：张蒙蒙
公司及职务：JLA 成都名艺佳装设设计有限公司
　　　　　　设计师

项目为保利重庆公司的第一个商业办公样板间，根据当下业态需求，甲方将项目定位为新一代互联网创意型人才所使用的办公室。设计遵循保利"和者筑善"的理念，从人、城市与空间的和谐关系入手，从项目所在地——重庆山城之"山"字平面构成化提取元素，并将互联网公司所需的"现代、创意、时尚、活力"等特点巧妙地融入到空间中，黑白灰为主色调，点缀充满活力的绿色及黄色，打造出富有趣味的办公空间。项目所在建筑临江而立，建筑层高 5 米，落地幕墙，有开阔的视野和有利的空间高度，可满足高层高或搭建夹层的不同设计要求。为尽量使夹层上下都能有更多空间，一层办公区域的空调被隐藏在打印区和茶水区的顶部，并采用侧出下回模式，文件柜及茶水柜均采用非步入形式，以减少因空调占用层高所带来的压迫感。

专业类别
提名奖

作品名称：阿尔卑斯的暖阳

设 计 师：韩建忠

公司及职务：得心设计事务所　总设计师

　　这所户型的使用面积只有 48 平方米，客户群体定位为单身青年。甲方要求室内客厅、起居室、卧室、餐厅、书房功能齐全，且时尚、舒适，符合现代年轻人的生活方式。尽管这套户型的面积很是"实在"，但经过设计师的巧妙设计、空间规划、格局调整，最终呈现一个大而明亮的居住空间，并且具备住宅必备的功能。

　　踏入室内，映入眼帘的是一扇具有时尚线条感的半隐隔断，隔而不断，虚实结合，优雅呈现空间区域的精妙划分。多功能区满足了书房阅读、厨房、餐厅、生活清洗等必备功能，并恰到好处地融合在一起。设计师根据空间整体效果，巧妙地利用隐形门来打破空间格局，使空间富有创意和令人惊艳的视觉效果。

NEST AWARD
筑巢奖
Media's Choice
Award
Golden Award

公众媒体关注
金奖

作品名称：流年

设 计 师：尚冰

公司及职务：徐州印尚室内设计工作室　设计总监

　　本案为盛世孔雀城样板间，所在楼盘为学区房，潜在购房群体为三口或四口之家，甲方要求设计师打造一个温馨舒适的居住空间，有浓浓的家的味道。

　　在一段旋律中安睡，做一个彩色的梦；在一缕清风中醒来，家人就在身边。设计师想让忙碌的人坐下来，喝一杯咖啡，聊聊生活，香浓回甘中享受安闲，享受每个空间的色彩变幻。

　　房屋建筑面积 84 平方米，两室两厅两卫，设计基本保持户型原始结构，只做了细微的改动。风格定位为现代简约，以优雅的暖灰色调作为整个空间的基调。整个硬装空间整洁利落，没有过多的装饰，却处处体现了舒适、优雅、安逸的气质。简洁的线条与暖灰色块糅合了鲜艳图案的色彩元素，高冷的硬装与活泼的软装相得益彰。

专业类别
金奖

作品名称：万科虹桥中心上海总部室内设计

设 计 师：姚天伦

公司及职务：爱嘉（上海）建筑工程设计有限公司

　　　　　　设计总监

　　随着时代的进步和互联网办公的普及，工作空间与人的关系发生改变，从人遵从和使用空间慢慢地演变为空间服务于人。本案提供了一个令人愉悦、激发灵感的工作空间。黑色的金属线条与白色的墙面把空间分块，白色的墙面给人以无限的遐想——这里将是艺术与灵感的碰撞。简单的材料，不简单的空间设计，使办公空间利用率最大化；低调的装饰，实用的空间，体现了万科公司的价值理念。设计将自然采光和自然景色引入室内，形成空中花园办公般的环境。空间布局做了水平向设计和竖向设计。水平向设计把所有功能空间（包括会议室、储藏室）围绕建筑核心筒布置，办公区域尽量靠近窗户，以得到更多采光和自然景色；在开敞的办公空间内，穿插布置适当的开敞洽谈区和茶水间，增加空间的变化。竖向设计是在建筑空间内部增加竖向楼梯，加强办公空间的联系，提供更多更快捷的交通。

专业类别
金奖

作品名称：蜕变的办公空间

设 计 师：郭莘

公司及职务：独立空间设计　设计总监

　　设计环境是楼盘顶层空间，有一些钢结构阳光棚和陈旧但并未使用过的空调，环境破旧不堪，层高高低不等，局部无法使用，所以采用了局部地面抬高的办法降低装修改造成本。设计方向主要取决于客户的使用要求和现场场地状况，阳光棚虽然破旧，但采光极好，这是普通室内环境不具备的优势；高低差不同的地梁结构，则使整个空间有了不同的错层。通过色彩和空间的设计，办公空间变得更加灵动。整个设计满足了开放式办公的部门分区、大量外来培训人员与公司办公人员的分流，以及举办聚会和发布会的多种使用需求。

专业类别
提名奖

作品名称：净

设 计 师：李朋

公司及职务：至上设计　设计总监

　　本案为区域性行业标杆互联网金融 P2P 公司办公空间，位于南昌市红谷滩金融中心顶级写字楼——华尔街广场第 37 层，三面可观江景，可鸟瞰全城。设计避免形式主义，摈弃繁缛复杂，采用简练大气的装饰手法，用创意、材料和工艺营造愉悦、轻松、科技感十足的办公环境。

　　因为简单，才深悟生命之轻；因为简单，才洞悉心灵之静。简单之中蕴含着淡泊宁静的真实。本案的设计以"净"为设计主题，删繁就简，整体色彩定位为中性色调，进门即让人感到整洁明亮，没有烦琐的装饰，空间开合张弛有度，几何造型的沙发颜色跳跃。简单的物品，安静清新的氛围，仿佛时间已静止，空间动静分明，秩序井然。每一个画面，每一处细节，简约而不失华美。

专业类别提名奖

作品名称：东方禅韵

设 计 师：谢国浜

公司及职务：壹设计建筑工程有限公司

　　　　　总设计师

空间摒弃传统办公布局，没有形象墙，更没有形象台，有的只是喜迎五湖四海朋友品茶论道的茶台。处处有诗，处处有画，处处连处处，处处见玄机。设计不是物与物简单的排列组合，而是深思与窥探空间的密码。素雅的白掌控整个房间，几何的理性与诗意的人文有机结合，夸张的现代改良式官帽椅，还有简约的宫灯，是主人对诗情画意的追求。

NEST AWARD
筑巢奖 Professional Category Nomination

专业类别 提名奖

作品名称：无界

设计师：陶胜

公司及职务：南京登胜空间设计有限公司

设计总监

本案位于大厦的顶层，由三套独立的 loft 户型打通合并而成，具有得天独厚的开阔视野，向南可展望新城全貌，向西则一线江景尽收眼底。既然无法方正，设计师索性另辟蹊径，对整个空间来了一场大刀阔斧的"切割"，将突兀、拐角空间全部"化零为整"。从前台开始，你可能看不到一面方正的墙体，取而代之的是各种不规则的线面穿插、大量透明玻璃和木饰面材质。玻璃既划分了空间功能，也弥补了空间面积不大的缺陷，空间得到有效提升和扩容。楼梯是 loft 户型的一个重要组成部分，往往也是整个空间的点睛之笔。在这里，楼梯以"V"形呈现，看似不合常理，但却很好地配合了整个空间的不规则布局，显得扎实有力。楼梯两侧设透明玻璃挡板，形成一个狭长的带拐角空间，这样一层、二层被更紧密地联系在一起，行走在楼梯上，有一种独特的穿越感。

专业类别
提名奖

作品名称：叶禅赋

设 计 师：李超

公司及职务：福建国广一叶装饰机构　副总设计师

　　作为福建省最大的装修公司的办公空间，业主希望它不同寻常，既延续公司风格又富有禅境。现场是一个大平层空间，入门前台区有许多梁位结构，个别主梁较厚，压低了空间，增加了设计的难度。中式意境的呈现不但要有环境的供养，更需精神文化的濡染。在本案中，琴棋书画、翰墨书香、茶庭禅境，都作为文化内容纳入整个空间的规划中。中国的山水画是中国人情思的沉淀，设计师将山水画和木条格栅也作为元素，运用在多个空间的吊顶、墙面上。浓墨重彩，云淡风轻，空间呈现的意境和气韵，使人宛如走入中国传统文化的殿堂。

Professional
Category
Nomination

专业类别
提名奖

中英致造设计
CUCDP

作品名称：WORK+ 办公楼

设计单位：四川中英致造设计事务所有限公司

本案借社区概念营造了一个生态、多功能性办公空间。咖啡馆、酒吧、影院、图书馆、健身场所等围绕在企业员工工作空间周围，员工不仅可以高效地工作，还可以聊天交友、分享讨论、进行头脑风暴、享用公共平台资源。多样性空间为使用者提供自由、轻松且具有活力和时代感的环境，并让每个空间实现价值最大化。现代构成的设计手法，把"WORK+"的形态有机地融合在空间中；设计摒弃多余的装饰，运用布局自然的装饰使空间更为立体，把功能与实用相结合；局部运用色彩活跃空间气氛，给人以不同的空间感受。

NEST AWARD Professional Category Nomination
筑巢奖

专业类别
提名奖

作品名称：生命之光

设 计 师：郑丹杰

公司及职务：厦门佐泽设计有限公司

　　　　　　合伙人、设计总监

原建筑为三层钢结构，首层面积 168 平方米，二层及三层共 840 平方米，三层局部 4.8 米挑高做夹层，顶层屋面局部打开做天窗，光线从夹层顶部进入室内空间，一直延伸到一层。室内设计利用建筑结构特点，以白色和灰色为主色调，将外部景观自然延伸到室内，营造了朴素自然的与室外连为一体的空间。三层利用顶层优势，把局部楼板打开，让阳光成为室内的主角。室内白色的主色调，纯净的天空蓝背景，洒入室内的阳光，和绿色的垂直绿化墙……这一刻，思绪与空间仿佛融为一体。

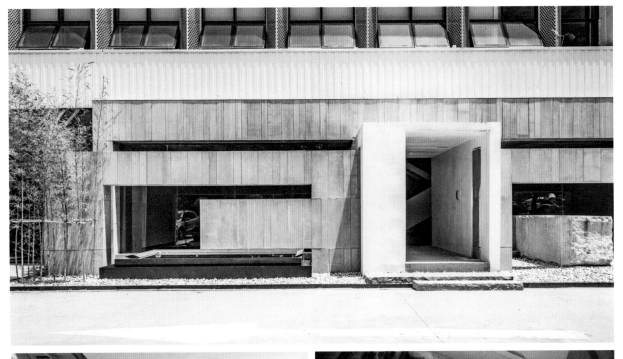

专业类别 提名奖

作品名称：联想办公

设计单位：西安 DZ 环境设计机构

设计的目的是要创造一个全新的活跃的工作场所。空间融合了各式各样的开放式办公、会议、娱乐及非常具有人性关怀的电话亭（phonebooth）区域。在功能上特别增加了自助水吧区、独立吸烟区、自由的 phonebooth 区，让员工在充满活力的氛围中能感受到"家"的自由与温暖。同时，相互交叉的功能区域让每个人有更多的交流与沟通，可以提高员工的创造力与专注力。

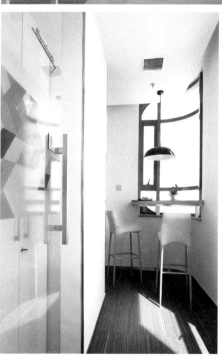

专业类别
提名奖

作品名称：CCTV 宙斯传媒办公楼

设 计 师：吴放

公司及职务：成都沃克豪森装饰工程有限公司

　　　　　　设计总监

　　在新媒体力量迅猛崛起的媒体变革时代，人们的时间越来越碎片化， 微电影将成为未来影视市场和企业品牌推广的新宠。CCTV 宙斯传媒是央视微电影青春频道旗下的一家专门从事新媒体传播的公司，对办公空间的设计诉求是最低的成本体现功能设计上的高效、开放，创造互动、交流的工作模式，设计风格体现年轻人追逐时尚与潮流的特点。为了体现现代后工业风格，设计师在二层部分公共区域采用墙面钢板锈蚀工艺；楼梯间采用镂空锈蚀钢板拦板；对一层接待大厅水泥地面进行无规则条状嵌入式分割浇筑后整体磨平的工艺处理，既保留了水泥的粗犷质感，又避免了呆板和收缩开裂的问题。

专业类别
提名奖

作品名称：创意者之家麻绳办公室

设 计 师：林经锐

公司及职务：杭州美间科技有限公司

　　　　　　建筑、室内、软装设计主创设计师

　　　　　　设计总监

　　设计师通过开放平面、功能叠加，错峰利用等手法，塑造了共享、交流、创意的创意者之家；运用麻绳、槽钢、原木等自然材料以及回收利用的物品塑造了低碳环保的办公场所。本案的新意在于：以麻绳表皮为空间的新衣，瓦解固有的多米洛空间体系，塑造新的场所气质；室内材料以自然生态、可回收利用的麻绳、槽钢、实木为主，降低了造价，同时也彰显了麻绳这一自然材料的多种可能性与材质美，营造了一个与使用者紧密相连、可触动感官的创意办公空间。

专业类别
提名奖

在新办公室的设计中，设计师发现无法为设计找到最准确的定义，只有竭力还原空间的本质，或许才更能诠释设计的真谛；无所谓"风格"，多元的、适用的、真实的，没有界限之分，融合即是关键所在。

作品名称：璞然设计办公空间

设 计 师：田然

公司及职务：璞然装饰设计（沈阳）有限公司

　　　　　　设计总监

Professional
Category
Nomination

专业类别
提名奖

作品名称：赤岗创意工作室

设 计 师：潘丽环

公司及职务：广东星艺装饰集团有限公司

　　　　　　设计经理

　　房屋的空间布局（包括设施）未做不大的改变，办公室充满绿色人文气息，轻盈舒适，温馨有家的感觉，且具有时代感，空间肌理丰富，环境色彩和谐。

　　本案定位为现代风格，天花板、墙面的设计融合现代建筑形体，表现出清丽脱俗的现代国际气质；色彩上运用黑白灰，并采用了与之完美搭配的艺术涂料、砖、大理石、布衣，营造自然的时尚之感；梦幻般璀璨的灯光成就空间的视觉效果，墙面在灯光照射下，显示出泼墨画一般的自然效果，空间氛围自然而又独特。

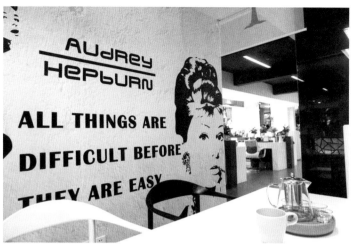

专业类别
提名奖

作品名称：源广合投资管理

设 计 师：张海霞

公司及职务：上海乾创装饰设计工程有限公司

　　　　　　设计总监

　　现代简约是本案设计的核心理念。时尚的办公空间不需要过多的造型和繁杂的色系。摒弃零碎的空间划分，去掉堆砌的颜色和摆设，让整个空间看起来简而不繁。本案主张淳朴简约，强调心灵的回归。

公众媒体关注
金奖

作品名称：天津建材联盟展厅

设 计 师：林以斌

公司及职务：壹玖八一空间设计事务所

　　　　　　设计总监

设计师在老建筑中找到新的设计灵感，让一座老旧的厂房在历史的变迁下找到重生的机会，并成为一个家具品牌的展示空间。在建筑入口处，连续错置的墙面与天花完美地解决了高度不足所造成的光线昏暗问题，仿佛给光与影赋予了生命。承载、延续、变化、重生，是设计师面对老建筑的态度。

NEST AWARD
筑巢奖 Media's Choice Award Golden Award

公众媒体关注
金奖

作品名称：TCD 设计机构办公室

设 计 师：汤双铭

公司及职务：成都汤晨室内设计咨询有限公司

　　　　　　设计总监

本案原本是居住空间，作为办公空间有一定的局限性，从一层到地下一层的楼梯在室外，地下一层地面潮湿，空气流通和采光不佳。设计师把部分墙体拆除加以重新组合，以方块为空间组合形式，每一个功能分区都按矩形组合，空间有序、利用率高。一层与地下一层互相连通、局部挑空，视觉上是开放空间，功能上使地下一层的通风更好。整个空间以素水泥、白漆、锈板、矩形管材等材质营造 loft 风格，选用自然、舒适的色系，来平衡高效办公与空间、与人的关系。

公众媒体关注
金奖

作品名称：梵舍设计事务所

设计单位：深圳梵舍建筑装饰设计有限公司

本案设计满足日常办公接待以及各部门的工作空间需求和相互间的交流与沟通需求。一层主要作为接待和展览空间，二层设主案设计师和部门领导的办公室，附加一个大一些的接待空间；三层是其他工作人员的办公空间，并设有一间加热食物和制作简单餐点的厨房。设计风格为loft 风格，局部接待空间采用现代风格，配置欧式护墙板家具。整个空间主要使用钢材、毛石、白水泥、原木等材料，墙面处理较为粗犷，还搭配了风格相对古旧的装饰品和原木板；部分承重墙做了轻微的去除表面水泥抹灰的处理，搭配锈蚀的钢板，营造一种古旧的工业厂房的感觉。

NEST AWARD **Professional Category Golden Award**
筑巢奖

专业类别
金奖

作品名称：郑州璞居酒店

设 计 师：于起帆

公司及职务：希雅卫城设计公司　设计总监

　　业主的诉求是打造一家时尚酒店，设计师与酒店管理公司人员对酒店的地理位置、定价等进行综合论证后，与业主共同将酒店定位为精品商务酒店。

　　设计风格为现代与东方传统相结合的现代中式。空间表达上迎合当下人摆脱繁华都市、向往世外桃源的休闲心理，结合河南深厚的文化底蕴与丰富的现代生活，营造了符合现代都市人生活感受、含蓄雅致的惬意空间。

专业类别
提名奖

作品名称：成都 S 设计师酒店春熙路店

设 计 师：黄任顼

公司及职务：四川黄合装饰设计有限公司

　　　　　　设计总监

　　S 设计师酒店是针对 80 后和 90 后中端时尚商旅人群开发的精品设计型酒店。酒店设计持开放创新的理念，各个空间都具有个性的差异化，同时采用"专一"的经营模式，去功能化，取消传统中端酒店中会议、餐饮、娱乐等的鸡肋包袱，专注于客房，给消费者提供温馨舒适的环境和服务。

　　设计采用木饰面、石材、钢板、仿古砖，符合酒店的设计风格，且经久耐用。施工工艺严格考究，为的是创造一家优质酒店，带给消费者良好的生活体验。

专业类别
金奖

作品名称：顺风 123·山茶

设计单位：成都蜂鸟设计顾问有限公司

山茶中餐厅地处山城重庆，如何理解与表达山城的码头文化气质，是本案是否具有说服力的关键。山城的码头文化在艺术作品和建筑中已有多种体现，但大都是从山地、长江、喧嚣、火辣的角度构思和诠释。山茶餐厅是重庆市著名餐饮品牌"顺风123"旗下的餐饮新品牌，它以"儿时的记忆"和"重庆码头文化"传承老川菜的食文化。设计师用设计语言完美地诠释了"山茶"理念：卡座区隐约在"山城地貌"间，空间中飘散着曾经熟悉的食物的香气；包厢以重庆市市花——山茶花的五个品种命名为"紫霞""柠黄""红彩""玉丹""桃红"，在充满力度的重庆码头文化中注入了一份清雅。

专业类别
提名奖

作品名称：禾食·意境料理

设 计 师：李柏林

公司及职务：上海星杰装饰有限公司南京分公司

　　　　　　首席设计师

　　本案设计以人为中心，以生活为素材。人是空间和事物感官的主体，正如行走空间所强调的——设计应该将人的感官意识放在第一位，人不仅参与设计，人也融入设计，这样的设计才会有人情味。时代变迁，人们的审美也在提高，现代料理店不仅承袭着传统料理店的各种优点，也结合了当地的文化，发生着变化。

　　本案外立面取枯竹作为整体装饰，清新，有禅意。内部采用深灰色硅藻泥、松木屏风、樱花林造景、枯山水、自流平地面、石材地板，与传统日式元素相结合，体现日式餐厅多元化的设计和文化概念，打造一种时尚脱俗、色彩明快的空间。

专业类别
提名奖

作品名称：瓶子餐吧

设 计 师：周国家

公司及职务：上海申远空间设计南京分公司

设计总监

　　设计师用木质营造宁静的氛围，用中度灰解决木质的厚重感，营造高度错落、层次分明的空间。为了突出项目的主要经营业务，将酒文化区域恰当地凸显，餐厅中也融入了酒文化。品罢下午茶，接着来杯洋酒、一份甜品，点上雪茄，翻开杂志——这才是生活。

NEST
AWARD **Professional**
饮巢奖 **Category**
        Nomination

专业类别
提名奖

作品名称："照相的影子"主题餐厅

设 计 师：段伟

公司及职务：大为空间设计　设计总监

　　在这个追求速度与激情的时代，最缺乏的是慢生活的品质，你是否尝试昼夜等待，只为拍摄眼前的瞬间感动；你可曾精选食材，琢磨火候，只为做好一道佳肴。时光匆匆，所以要从容享受每一个过程，慢慢品味来自生活的丰富味道。

专业类别
提名奖

作品名称：胭脂餐馆

设 计 师：边哲

公司及职务：DIDI 室内外规划设计　设计总监

　　本案在有限的面积内要兼顾功能、比例和视觉效果。小餐饮空间讲究功能合理、比例协调，同时也追求视觉效果。本案设计以黑白灰为主色调，打破小空间的窘迫感；造型通透感强；围合有私密性；用孵化破壳的造型作为设计切入点；顶部可更换的吊饰作为空间中的可变装饰元素，便于业主在不同节日、不同季节营造空间的新鲜感。

作品名称：合肥小灶王

设 计 师：胡迪

公司及职务：合肥铂石建筑装饰设计有限公司

　　　　　　设计总监

　　作为安徽老字号本土菜品牌，小灶王一直以浓厚的亲民情怀受到不同阶层百姓的喜爱。 2015 年，合肥餐饮业进入资本降维竞争时代，大众餐饮主题化、格调化现象愈发普遍，小灶王蜀山店仍将坚持人均60 ~ 90 元的定价策略，但希望通过环境营造提升消费体验。

　　餐饮空间是为菜肴和食客营造的舞台，空间一样可以有味道。 是否只有大面积采用土坯墙等原始落后的具象元素，才能代表乡村？ 能否用现代的装饰设计语言重新解构和诠释"乡土"二字，进而引发城市居民对田园生活的留恋和向往，而不是符号化的忆苦思甜。 因此，我们把乡村小院的外轮廓活化为室内建筑空间，层层递进，移步换景。在室内，以建筑的手法，用现代语言解构，表达对竹屋、瓦舍、土墙时代的回眸；用大量的钢板与竹木产生质感的碰撞，点缀成列的乡土记忆符号，使空间产生虚实关系，并增强序列感。

专业类别
金奖

作品名称：徐家木业无锡弘阳展厅

设 计 师：何兴泉

公司及职务：无锡市半圆设计有限公司

品牌创始人

　　基于客户体验以及想象空间的营造，设计师用全新的方式诠释木门地板展厅的设计——"一个没有门的门展厅"。业主为木质建材商，本案设计最大限度地展示了业主的产品，各种款式的木门和地板，以不同的表现方式呈现于展厅之中。设计师将传统榫卯结构重新演绎，并应用在整个展厅空间中，地面铺植物油定制地板，室内照明由专业照明设计公司深化完成。设计师在展厅外立面设计了类似护墙板的装置，营造家居氛围，给人以细腻的艺术感受。"没有门"并非真的不设一扇门，而是以个性化、立体化、全方位的方式来诠释每一扇木门，通过量身定制的木门选配服务，为客户带来智能化的体验过程。

专业类别
金奖

作品名称：成都红星舒尔茨乳胶漆卖场

设 计 师：靳泰果

公司及职务：境壹空间装饰设计　设计师

　　既然是乳胶漆卖场，那么装饰材料自然是以乳胶漆为主。业主希望在产品定位上做适当提升，设计师根据业主产品的特性提取了几个关键词——德国、进口、环保，但设计上并没有直白地去表现上述主题。空间没有多余的装饰，设计师希望传达的是如同德国设计般的简洁。卖场位于地下一层，采光较差，同时由于布局的原因，功能区的设计较为困难。设计师将接待区后移，在展厅入口安排了产品展台。与其他乳胶漆卖场色彩绚丽的设计不同，设计师以纯白色为主调，用画展的方式呈现产品，突出产品本身。与众不同的陈列方式使消费者仿佛置身于艺术馆中。

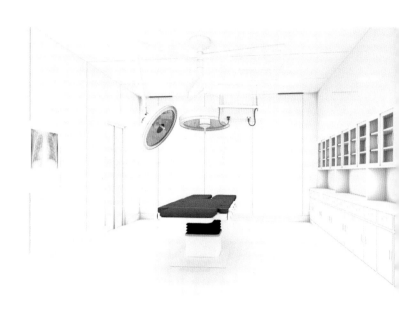

NEST AWARD Professional Category Nomination
筑巢奖

RUIYI SPACE
睿意空间

专业类别
提名奖

作品名称：美容院

设 计 师：张婕

公司及职务：内蒙古包头市睿意空间　设计师

本案采用造型简洁、无过多装饰的现代风格，注重突出材料自身的质地，点缀明亮的色彩，使整个空间清爽、干净。在格局上则以功能布局为核心，采用不对称、非传统的构图方法，打造了一个方便、实用、经济、美观的营业空间。

作品名称：香港发廊

设 计 师：薛勇

公司及职务：福州典尚装饰设计工程有限公司

设计总监

本案是一个现代简约风格的发艺沙龙空间，略带
时尚气息，让人感受到时尚潮流的魅力。为确保现代
风格的基调，并避免狭隘观念中的现代风格给人的轻
浮与单薄感，设计师采用一定比例的钢板和木饰面与
石材、镜面、不锈钢材质相协调，这种有所变异的现
代风格带来了稳重、优雅而时尚的空间效果。

NEST AWARD Professional Category Nomination
筑巢奖

专业类别
提名奖

作品名称：静·境

设 计 师：赵乾

公司及职务：红色室内设计有限公司

　　　　　设计总监

　　具有 400 年历史的济南宽厚所街重建之后更名为"宽厚里"，一个新的古色古香的建筑群由此诞生。设计师以现代简约的设计手法，把盒子的概念引入室内空间，使之与传统建筑产生碰撞，在不失原建筑特点的前提下更具现代美感；又用中国传统水墨画中体现的可观可游的理念，将静水、砂石、原木纳入室内，营造一种闹中取静、现代简约且具有东方意境的，适合当代人审美的传统香文化体验空间。

Professional
Category
Nomination

专业类别
提名奖

作品名称：佩制

设计师：陈炘

公司及职务：常州有点设计　首席设计

　　本案是定制服饰店的室内空间设计，因此可以从服饰定制的流程中抓取一些元素融入设计。设计师将块状布料作为主要元素，结合剪刀裁剪的直线条元素，用现代简约的风格对空间做了整体设计。多彩的服装足以给空间带来丰富的色彩，因此设计仅选用原木色的木饰面和浅灰色的海吉布作为墙面饰面，以衬托定制服装的美。空间里还融入了一些现代简约的元素和干净利落的线条，营造布艺和服饰制作的氛围。

专业类别
提名奖

作品名称：侍茶

设 计 师：房凤丹

公司及职务：常州有点设计　设计总监

　　设计师为三个创业的年轻人定制的工业风"以建筑结构为导向"，利用原有的材质，稍微改变其颜色。搭配恰当的软装，使空间丰富、自然，富有人性化。

专业类别
提名奖

作品名称：镁派

设 计 师：蔡小城 / 郭坤仲

公司及职务：厦门开山设计顾问

　　　　　　合伙人 / 设计总监

　　"镁派"是"may pair"的音译，源于闽南话"不错"。店主是两个从小认识的同学，因为喜欢沙坡尾而在这里开店，他们收集伦敦、巴黎等地的服饰和厦门本地匠人的手工作品。

　　沙坡尾是厦门最古老的港口之一，也是厦门最后的老区，这里还存留着几近消失的渔业，街道上的五金店、杂货店和菜市场显现着朴实的市井生活。沙坡尾斜对岸就是鼓浪屿，东侧是厦门大学，久而久之，这里也成了文艺青年时常光顾的地方。该项目延续了老厦门的特色，不新不旧的花砖、岁月洗礼过的石板、特有的海蛎水洗墙……室内整体格调基于"新"与"旧"的融合，地面原有花砖和墙面石头墙被保留并经过处理。室内依然是裸露的混凝土墙，打上并不明亮的灯光，在灰暗的色调里有古朴的感觉，像是古典油画里的风景。这家店实际只有 55 平方米，一些墙面使用一整面镜子，有开阔空间的功能，也让环境显得幽深，引人一探究竟。

专业类别 提名奖

风语筑
EXHIBITION

作品名称：上海中心大厦观光体验厅

设 计 师：李晖 / 刘骏

公司及职务：上海风语筑展示股份有限公司

首席设计总监 / 创意设计中心总监

　　本案中，设计师围绕如何破局打造全新的观光体验模式，结合新媒体，营造了全新的体验式观光环境。设计师突破传统高层观光建筑局限，认为高层观光建筑既要具备静态观光功能，还要传递科技信息，在简约紧凑的空间中，合理运用多种高科技手段，把超大无缝拼接屏、可触摸式透明液晶屏、3D 打印精品素模叠加弧形影像多维分屏演示技术与科技舞台结合，营造真实的现场展示效果；运用影像生动地体现垂直社区、绿色、智慧、人文等概念，解析建造的艺术，展示上海中心的 17 项世界之最。

NEST
AWARD Professional
筑巢奖 Category
Nomination

专业类别
提名奖

作品名称：FOCO 女士服饰体验馆

设 计 师：郑宋玲

公司及职务：广州市柏舍装饰设计有限公司

　　　　　设计师

　　设计师希望能够通过空间体验对消费者进行引导，她采用现代设计手法，结合自然材质，并点缀轻工业元素，将服装、单车等元素融入空间的情景展示中。自然风手绘墙体与动物元素恰当地衬托出童话般的空间画面，同时映射出服装本身具有的时尚、自然、独特的艺术魅力。

MixPlus
studio

NEST AWARD Professional Category Nomination
筑巢奖

专业类别
提名奖

J&A
杰 | 恩 | 设 | 计
JIANG & ASSOCIATES

作品名称：同德昆明广场

设计单位：J&A 杰恩设计

本案中，设计师描绘了水与大地的共生关系，并用时尚、简洁、抽象的手法打造了全新的富有视觉情境体验感的购物空间。设计理念为"在水一方"，重点空间的设计中运用了"流水"元素和活泼而张扬的曲线，使空间如行云流水般灵动。

本案简约而不简单。设计师运用点、线、面的有机组合，体现现代主义破坏、杂乱、失衡的哲学思想，用几何造型的简化和组合彰显空间的个性，又以黑白为主色调，搭配简洁的陈设，营造了时尚前卫而精致的健身房环境。，

作品名称：现代几何，灵动之光

设 计 师：张洁

公司及职务：惟尚国际　主案设计师

专业类别
提名奖

作品名称：对称——非凡形象沙龙

设 计 师：林嘉诚

公司及职务：漳州明居装饰设计有限公司

　　　　　　设计总监

自然界中，对称无处不在，也许正因如此，我们才会深刻地感受到对称的美。在设计中，对称是重要的——对称创造了平衡，平衡又创造了和谐、秩序和美。运用不同的对称方式可以创造出强烈的视觉兴趣点，获得视觉稳定性。在本案中，看上去一板一眼的材质被设计师有规律地组合在一起，形成视觉焦点。设计师还巧妙地利用材质和光影的不同效果，营造出对称的视觉美和柔和的艺术感。

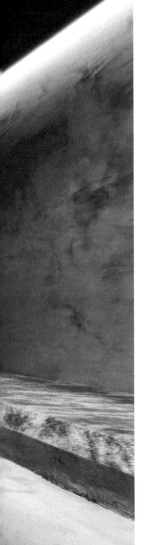

专业类别
提名奖

作品名称：前海深港现代服务合作区规划馆

设计单位：丝路数字视觉股份有限公司

设计师首先对前海特区精神和展馆建筑的人文内涵进行了研读。打破常规、跳出约束、敢为人先，这既是展馆建筑师的设计理念，也是前海特区的精神要旨。为了由外及内地延续这种理念，设计师大胆地运用了新的设计语言——突破，并结合了新技术和新媒体。

NEST AWARD
饮巢奖 Professional Category Nomination

专业类别 提名奖

作品名称：欧派集团总部展厅现代馆

设计单位：元图设计机构

在家具定制产业工业化发展的今天，机械化生产代替现场手工制作，解决了人力资源短缺的问题，降低了生产成本，也形成了全屋定制的产业模式和相应的卖场。本设计既要解决不同年龄、不同家庭结构的消费者的家居生活场景展示问题，也要满足家具产品收纳、分类以及空间利用最大化的要求。如堆积木般自由组合或分解，形成混搭；用不同形态的生活方式构造起居生活场景，形成一系列都市肥皂剧般的情景。

NEST AWARD
Professional Category Nomination
筑巢奖

专业类别
提名奖

DISCOVER TRAVEL DESIGN

作品名称：IMOLA 瓷砖展厅

设 计 师：胡强 / 何海彬 / 孙丹丹

公司及职务：无锡市发现之旅装饰设计有限公司

设计总监 / 设计总监 / 设计总监

本案是一个意大利专业陶瓷产品的展陈空间，设计师首先充分地了解了销售方的需求和销售流程，然后以为消费者打造尽可能完美的体验式参观和购买之旅为设计理念，对空间进行逻辑上的梳理，用造型唯美的流线型旋转楼梯作为交通核心，产品展示空间则采用集装箱的概念，体现产品"原装进口"的特点。

NEST AWARD Media's Choice Award Golden Award
饮巢奖

公众媒体关注
金奖

作品名称：壹拾居

设 计 师：郑展鸿

公司及职务：CEX 鸿文空间设计有限公司

　　　　　　设计师

踏入室内，映入眼帘的是一片光影中的窗阁竹林，就像走进一片山水。设计师用两横两竖的动线作为区域的分割线，一步设一景，步移景生。整个空间只用了水泥、油漆和竹编壁纸，但刻意处理的光影隐匿在朴实的水泥界面中，空间淡然而宁静。设计特意弱化了不同区域间的关系，每一个空间既相对独立又与其他空间有所交集。

NEST
AWARD
筑巢奖
2016

文教空间
Cultural and Educational
Space

专业类别
金奖

作品名称：西安 NOVA 卡丁车俱乐部

设 计 师：孙意

公司及职务：骁翼设计事务所　合伙人

　　NOVA 卡丁车俱乐部建筑主体由 9 个集装箱构建而成，共三层，横跨赛道。每次从吊桥下飞驰而过时，都有一种 F1 车手冲过观众席，无数观众对着你拍照呐喊的感觉。建筑西侧和南侧整体悬空，观赛视角更佳，观众席远离赛道，更加安全。进入场馆的主入口是一个 45° 倾斜放置的集装箱。

本案以现场水泥建筑结构为基础，运用建筑设计语言推敲内部动线和结构。新建墙体、吧台等均为混凝土材质，再以色彩明快的油漆进行装饰，强调设计感。

作品名称：五角星电竞公园

设 计 师：王珂

公司及职务：PIE 工作室　创意设计总监

NEST AWARD
筑巢奖
Professional
Category
Nomination

专业类别
提名奖

無 有
wooyo

作品名称：大直若屈绿建材概念馆

设 计 师：刘冠宏（台湾地区）

公司及职务：无有有限公司　负责人

　　人类无止境地追求物质的富足与丰盛，为了满足所需，强势地介入自然界原有的平衡系统，快速消耗可见可及的资源，资源变得稀少、昂贵后，便粗糙地加工、大量地生产，提供低廉便利的食品、用品与建材，随之而来的污染物则危害人类。因此，人们需要的不只是绿色建材，也不只是做做环保回收来拯救地球，更重要的是要在观念上有所转变。

　　本案设计元素分为几个部分：一是外部蛋型羽翼包裹整个展场，型塑宇宙的浑圆；二是三片羽翼内藏三组明灭交替、暗含"呼吸"之意的灯光照明系统，形成绿色建材信息展示墙。"天地羽翼"上的造型分割，利用计算机演算技术生成，并模拟植物叶片在光合作用下的微妙的有机形态，搭配上述灯光系统，以"呼吸调节"和"循环不息"的寓意来反映绿色建材的本质。

NEST
AWARD Professional
筑巢奖 Category
Nomination

专业类别
提名奖

無 有
wooyo

作品名称：大直若屈绿建材概念馆

设 计 师：刘冠宏（台湾地区）

公司及职务：无有有限公司　负责人

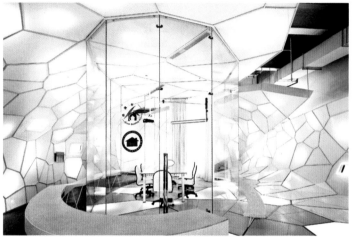

　　人类无止境地追求物质的富足与丰盛，为了满足所需，强势地介入自然界原有的平衡系统，快速消耗可见可及的资源，资源变得稀少、昂贵后，便粗糙地加工、大量地生产，提供低廉便利的食品、用品与建材，随之而来的污染物则危害人类。因此，人们需要的不只是绿色建材，也不只是做做环保回收来拯救地球，更重要的是要在观念上有所转变。

　　本案设计元素分为几个部分：一是外部蛋型羽翼包裹整个展场，型塑宇宙的浑圆；二是三片羽翼内藏三组明灭交替、暗含"呼吸"之意的灯光照明系统，形成绿色建材信息展示墙。"天地羽翼"上的造型分割，利用计算机演算技术生成，并模拟植物叶片在光合作用下的微妙的有机形态，搭配上述灯光系统，以"呼吸调节"和"循环不息"的寓意来反映绿色建材的本质。

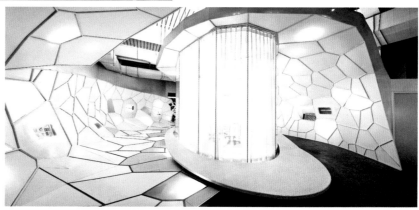

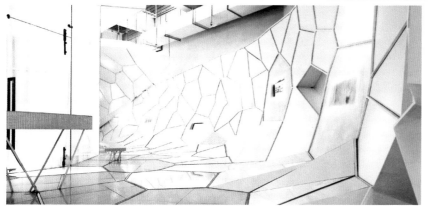

内容提要

本书为中国室内设计大奖——"筑巢奖"2016 年第七届大赛获奖作品集，收录并展现了 90 余件荣获普通户型空间、小户型空间、别墅空间、样板房空间、办公空间、酒店空间、餐饮空间、商业空间、展陈空间、文教空间十大空间类别专业类别金奖、提名奖以及公众媒体关注金奖的优秀室内空间设计作品，并以精炼的文字介绍了作品创作思路、设计理念及手法。

本书可供室内设计师、建筑师借鉴参考，也可供高等院校建筑设计、环境设计、室内设计等相关专业师生阅读。

图书在版编目（ＣＩＰ）数据

第七届筑巢奖获奖作品年鉴 / 筑巢奖组委会编. --
北京 : 中国水利水电出版社，2017.10
ISBN 978-7-5170-5923-3

Ⅰ．①第… Ⅱ．①筑… Ⅲ．①室内装饰设计－作品集
－中国－现代 Ⅳ．①TU238.2

中国版本图书馆CIP数据核字(2017)第239175号

书籍设计　李菲　芦博

书　　名	第七届筑巢奖获奖作品年鉴	
	DI－QIJIE ZHUCHAOJIANG HUOJIANG ZUOPIN NIANJIAN	
作　　者	筑巢奖组委会　编	
出版发行	中国水利水电出版社	
	(北京市海淀区玉渊潭南路1号D座　100038)	
	网址: www.waterpub.com.cn	
	E-mail: sales@waterpub.com.cn	
	电话: (010) 68367658 (营销中心)	
经　　售	北京科水图书销售中心 (零售)	
	电话: (010) 88383994、63202643、68545874	
	全国各地新华书店和相关出版物销售网点	
排　　版	中国水利水电出版社装帧出版部	
印　　刷	北京科信印刷有限公司	
规　　格	210mm×250mm 16开本 17.25印张 242千字	
版　　次	2017年10月第1版 2017年10月第1次印刷	
印　　数	0001—3300册	
定　　价	298.00元